Kamathe Katsongo

Um ensaio sobre a epistemologia das disciplinas de planeamento

Kamathe Katsongo

Um ensaio sobre a epistemologia das disciplinas de planeamento

ScienciaScripts

Imprint

Any brand names and product names mentioned in this book are subject to trademark, brand or patent protection and are trademarks or registered trademarks of their respective holders. The use of brand names, product names, common names, trade names, product descriptions etc. even without a particular marking in this work is in no way to be construed to mean that such names may be regarded as unrestricted in respect of trademark and brand protection legislation and could thus be used by anyone.

Cover image: www.ingimage.com

This book is a translation from the original published under ISBN 978-620-6-72033-1.

Publisher:
Sciencia Scripts
is a trademark of
Dodo Books Indian Ocean Ltd. and OmniScriptum S.R.L publishing group

120 High Road, East Finchley, London, N2 9ED, United Kingdom
Str. Armeneasca 28/1, office 1, Chisinau MD-2012, Republic of Moldova, Europe
Printed at: see last page
ISBN: 978-620-8-07925-3

Um ensaio sobre a epistemologia das disciplinas de planeamento*.

Por: Kamathe KATSONGO, PhD

Índice

Introdução

Onde começa e onde acaba o planeamento enquanto campo de investigação e de ação? Responder a esta questão é uma tarefa difícil, provavelmente ainda mais no primeiro caso (campo de investigação) do que no segundo (campo de ação), de tal forma que o planeamento é por vezes confundido com urbanismo, arquitetura, geografia, engenharia civil, design (interior e industrial), planeamento, etc.

A esta dificuldade junta-se uma outra, a da definição, ou melhor, da identificação precisa dos quadros teóricos em que se baseia a investigação em matéria de planeamento, que parece ser mais uma questão de escolha do que de recurso a um corpus claramente identificado. É neste contexto que recorremos a três teses de disciplinas diferentes para compreender melhor a especificidade das disciplinas de planeamento.

Para compreender melhor a natureza e o conteúdo das teses das diferentes disciplinas, essenciais para apreender as caraterísticas das disciplinas do ordenamento, e assim podermos posicionar-nos num debate epistemológico aberto e rigoroso sobre o ordenamento do território, começaremos por apresentar as principais tendências epistemológicas e, em seguida, centraremos a nossa análise no conteúdo das teses da Faculdade de Direito, da Faculdade de Farmácia e da Faculdade de Planeamento.

Para cada tese, começaremos por uma breve apresentação, mencionando o título, o autor, a faculdade de origem e o conteúdo. De seguida, abordaremos a problemática. A este nível, a ênfase será colocada na posição epistemológica adoptada pelo autor, na construção do argumento em relação aos quadros teóricos e metodológicos, e na posição do autor em relação ao avanço do conhecimento, com referência a modelos estabelecidos e aceites.

Por fim, abordaremos a questão principal de investigação, sublinhando a sua representatividade em relação à posição epistemológica adoptada e procurando identificar o seu enquadramento no problema geral.

1. Conceito de epistemologia

A palavra **epistemologia** vem do <u>grego</u> *epistemê* ("conhecimento", "ciência") e *logos* ("discurso"). **A epistemologia** é uma reflexão sobre a <u>ciência</u>: é uma parte da <u>filosofia</u> que se ocupa do conhecimento enquanto tal, um discurso <u>racional</u> sobre o conhecimento científico. A filosofia da ciência estuda assim o conhecimento científico de um ponto de vista crítico. O que é o conhecimento? Como é que ele é adquirido? Como é que o utilizamos? Porquê procurá-lo ou utilizá-lo? A epistemologia pode preocupar-se em estabelecer uma <u>classificação das ciências</u> e em definir categorias.

Na linguagem quotidiana, a palavra *ciência* pode ter vários significados e, antes de iniciar uma discussão sobre epistemologia (do grego *epistêmê* 'ciência' e *logos* 'estudo'), é importante distingui-los. Segundo Robert (1995, p. 2051) citado por Riopel (2005), na sua aplicação mais ampla, a palavra *ciência* é muitas vezes confundida com a palavra *conhecimento* ou mesmo simplesmente *saber*. Esta definição, demasiado ampla, não é certamente a que pretendemos adotar para efeitos do presente trabalho. Segundo o mesmo autor, a palavra *ciência* pode também ser associada ao *saber-fazer que advém do conhecimento* e, embora este significado seja já mais restritivo, continua a não nos servir.

Em vez disso, utilizaremos a seguinte definição proposta por Robert, especificando que se trata do significado moderno e comum:

> *"Conjunto de conhecimentos, estudos de valor universal, caracterizados por um objeto (domínio) e um método*

específicos e baseados em relações objectivas verificáveis." (p. 2051)

Granger (1995, pp. 45-48) retoma o essencial da definição anterior, separando-a em três traços principais que caracterizam a ciência, que resumimos de seguida:

1. a ciência visa uma realidade através de uma procura constante, laboriosa, mas criativa, de conceitos destinados a descrever ou a organizar dados que resistam aos nossos caprichos;

2. o objetivo último da ciência é descrever, explicar e compreender, e não agir diretamente;

3. a ciência tem a preocupação constante de produzir critérios de validação públicos, isto é, critérios abertos ao escrutínio informado de qualquer pessoa.

Com o seu critério de *refutabilidade*, Popper (1985, p.230) vai ainda mais longe e propõe que um corpo de conhecimentos, para se qualificar como ciência, não só deve ser verificado ou verificável, mas também deve estar exposto antecipadamente a ser refutado pela experiência (por experiência, entendemos o resultado de uma interação com a realidade). O critério de Popper, que é particularmente restritivo, envolve duas ideias principais: em primeiro lugar, a necessidade de uma teoria científica fazer pelo menos uma previsão e, em segundo lugar, a necessidade de esta previsão estar relacionada com uma nova experiência (cujo resultado ainda não conhecemos com suficiente precisão) suscetível de refutar a teoria. Ao acrescentar uma dimensão temporal à definição de ciência, Popper exclui do domínio da ciência, entre outras coisas, todas as teorias que se limitam a ajustar-se a *posteriori* às experiências, não prevendo nada de novo.

6

Obviamente, esta definição de ciência não é universalmente aceite. Jarroson (1992, p. 167-168) apresenta três limites à utilização do critério de Popper, que resumimos da seguinte forma:

1. Há proposições que fazem sentido mas não podem ser refutadas. Por exemplo, "existem homens imortais"; seria necessário matar todos os homens para provar que esta proposição é falsa.
2. É raro que uma experiência refute apenas uma teoria de cada vez. Por exemplo, quando observamos a queda de um berlinde para estudar a mecânica, aceitamos também a teoria da luz que nos permite ver o berlinde.
3. Nunca se pode ter a certeza da validade de uma experiência ou de um conjunto de experiências. É sempre necessário fazer a conjetura fundamental de confiar na experiência.

O primeiro limite não coloca problemas de maior, uma vez que podemos sempre restringir-nos a considerar apenas as teorias que são efetivamente refutáveis. O segundo limite obriga-nos a considerar a ciência como um todo, o que não é um problema insuperável. No entanto, vale a pena considerar a terceira e mais profunda limitação.

A impossibilidade de estabelecer relações objectivas invalida evidentemente o processo de verificação objetiva e torna impossível a aplicação rigorosa do critério de Popper. A definição de ciência deve, portanto, ser revista.

2. Panorama das principais tendências epistemológicas

Nas secções seguintes, apresentaremos as principais correntes epistemológicas relativas à atividade científica, tal como enumeradas em Bégin (1997, p. 13) ou Alters (1997, pp. 50-53): racionalismo, empirismo, positivismo, construtivismo e realismo. Para cada uma destas correntes, tentaremos dar uma definição suficientemente precisa e uma visão geral das implicações desta definição para a procura de novos conhecimentos, bem como os nomes de alguns cientistas que defenderam posições coerentes com a definição escolhida.

2.1. Racionalismo (século XVII)

De acordo com *Le dictionnaire actuel de l'éducation* (1994, p. 1003), o racionalismo é uma corrente epistemológica que considera que "*todo o conhecimento válido provém exclusiva ou essencialmente do uso da razão*". De acordo com Bégin (1997, p. 12), Alters (1997, p. 51) e Blanshard (2001), é geralmente aceite que filósofos gregos como Euclides (~300 a.C.), Pitágoras (569-475 a.C.) e Platão (428-347 a.C.) defenderam posições racionalistas dando primazia às ideias. Esta associação é obviamente feita *a posteriori*, uma vez que a corrente epistemológica racionalista ainda não estava definida na altura. Mais recentemente, os matemáticos Descartes (1596-1650) e Leibniz (1646-1716) e o filósofo Kant (1724-1804) têm sido associados a esta corrente, que privilegia o raciocínio em geral e, mais particularmente, o raciocínio dedutivo (ou analítico), que passa do abstrato ao concreto como mecanismo de produção de conhecimento.

Historicamente, o conhecimento associado ao domínio da geometria tem desempenhado um papel importante no desenvolvimento e justificação da posição epistemológica racionalista. Por exemplo, a Britannica (2001) relata que Platão, no seu diálogo intitulado *Meno*, realça o carácter certo, universal e inato do conhecimento, contando como Sócrates conseguiu que um jovem escravo analfabeto demonstrasse, passo a passo e sem o ensinar, o teorema de Pitágoras aplicado à diagonal de um quadrado. Mais tarde, no início do século XVII, o inventor da geometria analítica, o matemático francês René Descartes, assumiu a posição racionalista, tentando aplicar o rigor e a clareza da matemática ao domínio da filosofia. No mesmo espírito, o físico e astrónomo italiano Galileu (1564-1642), embora reconhecendo a importância da experimentação e da observação na procura de novos conhecimentos (tendo ele próprio efectuado observações astronómicas decisivas das luas de Júpiter e das fases de Vénus), propôs, em 1623, no *Ensaio*, que :

> *"O grande livro do Universo está escrito na linguagem da matemática. Este livro só pode ser compreendido se primeiro aprendermos a sua linguagem e o alfabeto em que está escrito. Os caracteres são os triângulos e os círculos, bem como as outras figuras geométricas sem as quais é humanamente impossível decifrar uma única palavra".*

No seio do movimento racionalista, podemos distinguir, entre outros, *o platonismo*, que acredita, segundo Barreau (1995, p. 50), *"numa harmonia inerente à natureza que se reflecte na nossa mente"*, da *crítica* de Kant (1724-1804), que considera que o conhecimento depende de estruturas inscritas *a priori* na mente humana que permitem perceber a realidade.

2.2 Empirismo (século XVIII)

O empirismo opõe-se radicalmente ao racionalismo, propondo que *todo o conhecimento provém essencialmente da experiência*. Popper (1985, p. 217) reconhece um modo de pensar empirista *a posteriori* nas proposições generalizantes do filósofo grego Anaxímenes (610-545 a.C.). Mais recentemente, segundo Quinton (2001), os filósofos ingleses Bacon (1561-1626), Locke (1632-1704) e Berkeley (1685-1753) estão associados a esta corrente, que propõe que as ciências progridam acumulando observações das quais se podem extrair leis através de um raciocínio indutivo (ou sintético) que parte do concreto para o abstrato. Para os empiristas, as observações eram a chave para a compreensão da realidade.

Como salienta Riopel (2005), para os empiristas, a dedução está excluída do mecanismo de produção de novos conhecimentos. A dedução é apenas uma etapa temporária utilizada para elaborar uma hipótese ou para simplificar a descrição de todas as observações efectuadas pelos cientistas num determinado momento. Os empiristas permitem também uma maior flexibilidade na definição da palavra *raciocínio*, nomeadamente quando se trata de raciocínio indutivo.

Historicamente, a obra de Newton (1642-1726), ao dar grande importância às experiências, contribuiu significativamente para a difusão da posição empirista. No prefácio dos seus *Principia*, em 1686, Newton propôs que a observação dos fenómenos deveria geralmente preceder a demonstração:

*"todo o fardo da filosofia parece consistir nisto - a partir dos
fenómenos dos movimentos investigar as forças da natureza, e
depois a partir destas forças demonstrar os outros fenómenos".*

A aplicação deste método permitiu a Newton e aos seus contemporâneos
descrever as forças da mecânica (nomeadamente a gravidade) e construir
um modelo corpuscular da luz. Um pouco mais tarde, Coulomb (1736-
1806) utilizou o mesmo método para demonstrar a força eléctrica. Na
química, Lavoisier (1743-1794) baseou-se nos trabalhos de Newton sobre
a luz para lançar as bases da química moderna, propondo um método
experimental para identificar os elementos fundamentais.

2.3. [e]Positivismo (século XIX)

[e]Embora Feigl (2001) refira que o filósofo grego Sextus Empiricus (160-
210), que viveu no início do século III, adoptou uma posição positivista
ao insistir na suspensão de todo o juízo, a corrente positivista é
geralmente atribuída ao filósofo Auguste Comte (1718-1857), bem como
aos físicos Mach (1838-1916), Bridgman (1882-1961) e Bohr (1885-
1962). O movimento positivista inspira-se no empirismo, na medida em
que se limita apenas aos factos observacionais, mas reconhece a
importância do raciocínio, acrescentando que as ciências se esforçam,
através da matematização, por ligar os dados experimentais da forma
mais simples possível (Bégin, 1997, p. 12).

Este casamento entre raciocínio e experiência já era muito claro em 1820
na definição de Auguste Comte, citada por Kremer-Marietti (1993, p. 6):

*"Se é verdade que uma ciência só se torna positiva quando se
baseia exclusivamente em factos observados cuja exatidão é
geralmente reconhecida, é igualmente indiscutível [...] que*

qualquer ramo do nosso conhecimento só se torna uma ciência
quando, por meio de uma hipótese, associamos todos os factos
em que se baseia".

Note-se que os positivistas insistem no rigor do raciocínio indutivo, que permite passar dos factos às hipóteses. Positivistas como o filósofo e economista Stuart Mill (1806-1873) e o geneticista Fisher (1890-1962) desenvolveram métodos indutivos, baseados em probabilidades e estatísticas, para obter leis prováveis a partir de um conjunto de medições. No entanto, segundo Barreau (1995, p. 56), até hoje não existe uma lógica indutiva rigorosa que não contenha uma componente puramente convencional. Ora, sendo o raciocínio indutivo indispensável (para os positivistas) à evolução da ciência (segundo a célebre frase de Augusto Comte, *"ver é prever"*), as teorias produzidas não têm qualquer valor em si mesmas a não ser o de estarem ligadas aos factos. Não nos dizem nada sobre a realidade que não esteja já contido nos próprios factos. Por conseguinte, para os positivistas, *"a ciência descreve o como das coisas sem poder dizer nada sobre o seu porquê"* (*Le dictionnaire actuel de l'éducation*, 1994, p. 1003).

Historicamente, esta distinção muito clara entre observações (*o como*) e modelos matemáticos (*o porquê*) é particularmente importante para compreender o que levou os positivistas a distinguirem-se dos empiristas. Por exemplo, o trabalho experimental de Dalton (1766-1844), que fundou o atomismo químico, levantou a questão fundamental de saber se os átomos existiam realmente. Os empiristas da época acreditavam geralmente que os átomos existiam de facto, uma vez que eram necessários para explicar os resultados experimentais. Os positivistas opunham-se ferozmente à existência de átomos porque estes não eram diretamente observáveis: os átomos eram modelos (*o porquê*) utilizados para explicar experiências (*o como*). Para os positivistas, os modelos eram criações humanas que não tinham rigorosamente nenhum valor para além de serem úteis. Os positivistas opunham-se categoricamente a qualquer coisa nos modelos científicos que não pudesse ser diretamente observada.

Dentro do movimento positivista, segundo Kremer-Marietti (1993, pp. 10-11), distinguimos entre o *convencionalismo* de Poincarré (1854-1912), que propõe que *as hipóteses não têm valor cognitivo em si mesmas*, o *pragmatismo* de James (1842-1910), que propõe, segundo Le Moigne (1995, p. 55), que "*o verdadeiro consiste simplesmente no que é vantajoso para o pensamento*", e o *positivismo lógico* de Carnap (1891-1970), que propõe que *os processos cognitivos envolvidos na elaboração de representações devem ser susceptíveis de serem construídos ou reconstruídos*. O positivismo lógico é por vezes apresentado como um dos precursores do construtivismo.

2.4. ᵉ Construtivismo (século XX)

De acordo com Le Moigne (1995, p. 43), é possível encontrar certas ideias entre os sofistas gregos que podem ser associadas a *posteriori* à herança da posição construtivista. Ele cita, por exemplo, a conceção de Heráclito (550-480 a.C.) sobre a ambiguidade da realidade e a fórmula de Protágoras (485-410 a.C.): "*O homem é a medida de todas as coisas*" (p. 43). Foi no século XX, no entanto, que surgiu o movimento construtivista, geralmente atribuído ao matemático holandês Brouwer (1881-1966), que usou o termo *construtivista* para descrever a sua posição sobre a questão dos fundamentos em matemática, que se opunha à posição *formalista* de Hilbert (Largeault, 1992, p. 27).

A posição construtivista foi adoptada pelo psicólogo suíço Piaget (1896-1980) nos anos 60 para explicar a base do conhecimento. Piaget e Garcia (1983, p. 30) propuseram que *"um facto é [...] sempre o produto de uma composição, entre uma parte fornecida pelos objectos e outra construída pelo sujeito"*. Ao insistir no carácter fortemente construído do conhecimento em geral e do conhecimento científico em particular, o movimento construtivista põe em causa a possibilidade de obter sempre relações objectivas que sirvam de base à ciência. A ausência de relações objectivas invalida, evidentemente, qualquer processo de verificação formal e torna impossível a aplicação rigorosa do critério de Popper (acima apresentado). Ao renunciar à objetividade, o movimento construtivista considera o conhecimento científico como qualquer outro conhecimento e propõe que as ciências *construam* (em vez de revelarem) uma realidade possível com base em experiências cognitivas sucessivas.

De acordo com Larochelle e Désautels (1992, p. 27), os construtivistas não rejeitam a existência de uma realidade última, mas afirmam que ela não pode ser conhecida. Para ilustrar este ponto, os autores utilizam a analogia de uma chave:

> *"O conhecimento adapta-se à realidade como uma chave se adapta a uma fechadura. A adequação aplica-se à chave, não à fechadura. Por outras palavras, posso descrever a chave sem ser capaz de descrever a fechadura. [Tal como a chave não reproduz a fechadura, também o conhecimento não reproduz a realidade. (p. 27-28)*

2.5. *^eRealismo (século XX)*

De acordo com Bégin (1997, p. 13), o filósofo grego Aristóteles (384-322 a.C.), na sua preocupação de construir alguns dos seus modelos com base em observações sistemáticas da natureza, defendeu uma posição que pode ser descrita *a posteriori* como realista. O realismo propõe que os modelos científicos sejam aproximações de uma realidade objetiva que existe independentemente do observador. Ao contrário do racionalismo, do empirismo e do positivismo, o realismo não adopta um mecanismo preciso para o avanço do conhecimento, mas reconhece a complementaridade de diferentes abordagens. De acordo com Owens e Starkey (2001), os físicos Planck (1858-1947) e Einstein (1879-1955) são geralmente associados a esta corrente, tendo em conta a reação deste último: *"Deus não joga aos dados!"* à posição positivista de Bohr (1885-1962), que afirmava que a incerteza quântica, uma vez que é sempre medida, é uma propriedade intrínseca da realidade.

É o reconhecimento da existência de uma realidade para a qual tendem os modelos científicos (que são, de resto, construções humanas) que distingue o realismo do construtivismo. Em contraste com a proposta construtivista radical de que o observador *constrói a realidade*, o realismo propõe que *o observador faz parte da realidade*. A distinção é importante, uma vez que a posição realista, embora reconheça a natureza altamente construída do conhecimento científico, admite um mecanismo de seleção desse conhecimento que corresponde à interação com a realidade com o objetivo de a prever. Deste modo, o critério de Popper pode ser aplicado com rigor, embora a própria ciência construída tenha uma componente subjectiva. Por outras palavras, a realidade reage de forma coerente (na medida em que a realidade é coerente) independentemente do modelo escolhido para a descrever.

É importante notar que a posição realista, ao não adotar um mecanismo preciso para a construção do conhecimento científico, não pode afirmar que a ciência está a progredir na sua tentativa de descrever a realidade. Na melhor das hipóteses, a precisão das previsões aumenta, mas a construção do modelo que produz essas previsões continua tão subjectiva como antes. Assim, as teorias científicas fazem parte de grandes *paradigmas* que resultam do acordo implícito e subjetivo da comunidade científica (Kuhn, 1983, explicado por Jarroson, 1992, p. 171).

Historicamente, os trabalhos de Michelson (1852-1931) sobre a velocidade da luz e os de Einstein sobre a relatividade, em 1905, contribuíram para diminuir a influência da posição positivista (a favor da posição realista), pondo seriamente em causa a necessidade da noção de éter, até então defendida pelos positivistas. Do mesmo modo, os trabalhos de Rutherford (1871-1937) sobre o núcleo atómico e os de Bohr (1885-1962) sobre as órbitas dos electrões em torno do núcleo reforçaram a hipótese da existência real dos átomos, à qual os positivistas se tinham oposto desde o início. Neste contexto, a posição realista distingue-se da posição positivista na medida em que reconhece uma certa realidade nos modelos desenvolvidos, que pretendem ser aproximações cada vez mais exactas de uma única realidade.

Quadro I. Tendências epistemológicas

Descrição atual	Tendências educativas	Filósofo ou cientista

Descrição atual	Tendências educativas	Filósofo ou cientista
[e]*Racionalismo* (século XVII) Todo o conhecimento válido provém essencialmente do uso da razão.	Sublinhar a importância da racionalização sobre a experimentação.	Platão (428-347 a.C.) Descartes (1596-1650) Leibnitz (1646-1716) Kant (1724-1804)
[e]*Empirismo* (século XVIII) Todo o conhecimento válido provém essencialmente da experiência.	Sublinhar a importância da experimentação em vez da racionalização.	Anaxímenes (610-545 a.C.) Bacon (1561-1626) Locke (1632-1704) Newton (1642-1726) Berkeley (1685-1753)
[e]*Positivismo* (século XIX) A ciência progride com base em factos medidos, dos quais extrai modelos através de um raciocínio indutivo rigoroso. Tudo o que não pode ser medido diretamente não existe.	Reconhecer a importância complementar da experimentação e da racionalização, sublinhando a abordagem científica que faz avançar a ciência.	Sextus Empiricus (160-210) Comte (1718-1857) Stuart Mill (1806-1873) Mach (1838-1916) Bridgman (1882-1961) Bohr (1885-1962) Carnap (1891-1970)
[e]*Construtivismo* (século XX) O conhecimento científico (observações e modelos) é uma construção subjectiva que não nos diz nada sobre a realidade.	Sublinhar a natureza arbitrária ou subjectiva dos modelos científicos, incentivando os alunos a construírem os seus próprios conhecimentos.	Heráclito (550-480 a.C.) Protágoras (485-410 a.C.) Brouwer (1881-1966) Piaget (1896-1980)

Descrição atual	Tendências educativas	Filósofo ou cientista
[e]*Realismo* (século XX) Os modelos científicos são construções concebidas para prever certos aspectos de uma realidade objetiva que existe independentemente do observador.	Sublinhar a diferença entre os modelos, que são construídos pelos cientistas, e a realidade, que existe independentemente dos modelos. Os modelos são aproximações sucessivas da realidade.	Aristóteles (384-322 a.C.) Reid (1710-1796) Planck (1858-1947) Russel (1872-1970) Einstein (1879-1955)

Fonte: Riopel, Martin. 2005. Epistemologie et enseignement des sciences. Université du Québec à Chicoutim, 30p.

3. Análise comparativa de três teses de doutoramento

3.1. Apresentação sumária de cada tese

3.1.1. Tese da Faculdade de Direito

A primeira tese que nos chamou a atenção foi a de Donald Poirier, publicada em 1993 pela Faculdade de Direito da Universidade de Montréal. Intitula-se "*La protection juridique des personnes âgées. Étude socio-économique comparée au Nouveau-Brunswick et des provinces canadiennes*".

Esta tese pretende explicar as relações entre os actores sociais e a adoção pelas províncias atlânticas de legislação destinada a proteger os idosos da violência física. A tese está dividida em três partes, cada uma com pelo menos três capítulos. A primeira parte apresenta o quadro teórico à luz do qual foram efectuadas as várias análises das leis e os diferentes métodos sócio-jurídicos. A segunda descreve a evolução do direito relativo à proteção das pessoas idosas no Canadá à luz do quadro teórico desenvolvido por Michel Foucault e a última parte aplica o quadro teórico à proteção jurídica das pessoas idosas no New Brunswick. De acordo com a abordagem sociológica, foram estudados três aspectos: a criação da norma jurídica, a sua interpretação pelos tribunais e a sua aplicação pelos assistentes sociais. Segue-se a conclusão, que resume o estudo e coloca uma questão para permitir a outros investigadores explorar outros aspectos da proteção dos idosos, nomeadamente a sua compreensão, enquanto actores sociais, das leis destinadas a protegê-los.

3.1.2. Tese da Faculdade de Farmácia

A tese intitulada "*Matrizes poliméricas com gradiente de concentração: formulação, avaliação e modelização*" foi escrita por Patrice Hildgen e publicada em 1995 na Faculdade de Farmácia da Universidade de Montreal.

Nesta tese, o autor analisa a forma farmacêutica eficiente a ser adoptada no fabrico de medicamentos. O autor salienta que a libertação do ingrediente ativo a partir de matrizes poliméricas é conhecida por ter uma cinética Fickiana, ou seja, a quantidade de fármaco libertado depende da raiz quadrada do tempo. A cinética real e as simulações obtidas pelo algoritmo permitem uma melhor compreensão da estreita inter-relação entre os fenómenos de dissolução e de difusão. De todas as formas farmacêuticas, diz o autor, a forma matricial é a mais vantajosa e prometedora.

O livro está dividido em três partes. A primeira parte trata do enquadramento teórico. Aqui, o autor traça a história e as soluções relacionadas com a criação de um gradiente de concentração. Destaca os instrumentos a utilizar, descreve o processo experimental e formula as suas hipóteses. É igualmente dada atenção às variáveis e parâmetros identificados no sistema, nomeadamente as variáveis independentes e as variáveis de estado, bem como os parâmetros de fabrico, de constituição e de experimentação in vitro. O autor descreve também a abordagem que utilizou para a demonstração. [1]De notar que optou pela abordagem macroscópica para resolver a equação e pela abordagem microscópica para caraterizar os meios porosos e analisar a imagem.

---

[1] Patrice Hildgen, *Matrizes poliméricas com gradiente de concentração: formulação, avaliação e modelização*, Montréal, Universidade de Montréal, 1995.

Na segunda parte, o autor efectua experiências para verificar as suas hipóteses iniciais. Constrói o autómato, apresenta o algoritmo de cálculo, introduz os parâmetros e efectua os testes.

Finalmente, na última secção, o autor apresenta os resultados da análise e abre a discussão à luz das suas hipóteses iniciais. Apresenta um certo número de sugestões, sublinhando as vantagens da forma matricial.

3.1.3. Tese da Faculdade de Planeamento

A terceira tese é de Marc-André Turcotte. O seu título é *"Éléments d'analyse de la notion d'espace"*. Foi publicada pela Faculté de l'aménagement de l'Université de Montréal em 1980. Nesta tese, o autor pretende demonstrar a estreita relação que historicamente prevaleceu entre o espaço das representações simbólicas e o espaço das representações racionais.

Esta tese está igualmente dividida em três partes. A primeira parte analisa as principais concepções de espaço, ou seja, as concepções explícitas, as da filosofia e as da física. A segunda aborda as concepções implícitas do espaço aplicadas ao espaço social, à cidade, ao urbano, ao regional e ao nacional.

Finalmente, a última parte baseia-se em certas análises provenientes da história das mentalidades e tenta ilustrar a estreita relação que prevaleceu na origem do conhecimento racional entre as representações da realidade e o espaço das representações simbólicas.

3.2. Análise das questões

3.2.1. Tese jurídica

3.2.1.1. Clareza do problema

Tendo em conta o caminho seguido e a forma literária adoptada, a problemática da tese parece auto-explicativa. O autor parte de considerações gerais sobre a proteção do indivíduo sob a influência do direito civil dos países europeus e anglo-saxónicos para demonstrar a necessidade de analisar o caso específico de New Brunswick. O autor insiste igualmente nas diferentes categorias de grupos etários para demonstrar que as pessoas com 65 anos ou mais constituem uma categoria de risco.

Além disso, o estudo examina as condições que levaram a que os idosos fossem considerados como um grupo de pessoas em risco de violência e para os quais foram consequentemente tomadas medidas legislativas de proteção.

Em relação aos diferentes países, o autor refere-se à própria base da proteção das pessoas incapazes. [2]Por um lado, refere o caso dos países de civil law (incluindo a Europa e o Quebeque) que preferem manter uma lei de aplicação geral e sujeita ao princípio geral de que os adultos se presumem capazes e que a incapacidade deve ser demonstrada antes de perderem o seu direito. Por outro lado, o autor aponta o caso dos países anglo-saxónicos, que privilegiam leis especificamente destinadas a

---

[2] Donald Poirier, *La protection juridique des personnes âgées. Étude socio-économique comparée au Nouveau-Brunswick et des provinces canadiennes*, Université de Montréal, 1993.

proteger os idosos ou as pessoas com deficiência. Segundo o autor, estas leis baseiam-se numa desconfiança em relação à família, considerada como uma das principais fontes de violência contra os indivíduos, e numa confiança extrema nas profissões sociais, consideradas capazes não só de diagnosticar os problemas sociais, mas também de os remediar no interesse daqueles que são confiados à sua proteção (ref. New Brunswick). Ao contrário das crianças, os idosos têm capacidade jurídica. É por isso que ele quer demonstrar a importância de os proteger.

O autor debruça-se igualmente sobre a descrição da população. Segundo o autor, no Canadá, os menores de 16 anos representam 19,5% da população total, os maiores de 65 anos 10,4% e as pessoas com deficiências físicas ou mentais 12%. [3]Tendo em conta o crescimento das diferentes categorias da população, nomeadamente das pessoas com 65 anos ou mais (que deverá atingir 10-20% em 2003), é necessária uma legislação de proteção.

No entanto, este facto levanta o problema da interferência do Estado na vida dos idosos contra a sua vontade. O autor centra-se na questão da legalidade e da legitimidade. [4]De facto, a legitimidade da atividade legislativa e dos tribunais, que tentam conciliar o princípio que reconhece a autonomia da pessoa humana e o respeito pela vontade do legislador com a legalidade que o Estado se atribui a si próprio (relação entre Estado e sociedade), permite estudar o direito relativo à proteção dos idosos em cada uma das suas três fases, a do desenvolvimento do direito, a do discurso jurídico e a da sua aplicação.

3.2.1.2. Construção do argumento em relação ao quadro teórico

---

[3] Donald Poirier, *La protection juridique des personnes âgées. Étude socio-juridique comparée du Nouveau-Brunswick et des provinces canadiennes*, Montréal, Université de Montréal, 1993, p. 6.
[4] Donald Poirier, *op. cit.* p.7

No que diz respeito ao quadro teórico, o autor recorre à sociologia do direito para mostrar como as pessoas idosas são reguladas. Procura mostrar que existe uma relação entre as racionalidades jurídicas e as racionalidades sociais.

A sociologia do direito é uma disciplina cujo principal objetivo é desenvolver o nosso conhecimento dos fundamentos da ordem jurídica, do modelo de mudança social e da contribuição do direito para a satisfação das necessidades e aspirações sociais. [5]Segundo o autor, os adeptos da sociologia do direito opõem-se aos do positivismo jurídico, que considera que só existe direito positivo, que o direito é um conjunto de regras e que forma um sistema fechado, completo e coerente .

Do mesmo modo, a sociologia do direito postula que existe uma relação estreita entre a sociedade e o direito. O direito é visto como um dos subsistemas de regulação social (o conjunto dos recursos materiais e simbólicos de que dispõe uma sociedade para assegurar que o comportamento dos seus membros se coadune com um conjunto de regras e princípios prescritos e sancionados). Assim, o controlo social exercido pelo direito assenta fundamentalmente na cultura, na existência de normas e valores sociais que estabelecem a ligação entre o direito vivo e o direito oficial.

3.2.1.3. Construção do argumento em relação ao quadro metodológico

O autor baseia a sua argumentação na abordagem desenvolvida por Michel Foucault, associada aos métodos das ciências humanas, a fim de

---

[5] *Ibid.* p.18-24

descobrir as diferentes lógicas em diferentes momentos do direito. [6]Em seguida, analisa a história da proteção das pessoas idosas no Canadá para evidenciar as caraterísticas da lógica jurídica do Estado e da lógica social veiculada pelas profissões sociais desde meados do século XIX, a fim de compreender como esta lógica social permeia as leis aprovadas pelo legislador.

Examina também a interação das normas sociais e jurídicas em cada um dos três momentos da lei relativos à proteção dos idosos. É dada uma ênfase específica à legislação de New Brunswick.

O autor explica igualmente as razões que o levaram a escolher New Brunswick. Segundo o autor, quando o objetivo do estudo é estabelecer as condições de emergência e de aplicação de uma lei, convém restringir o estudo a um determinado território sobre o qual se exerce uma soberania política e jurídica específica e única. Uma vez que as províncias atlânticas são as únicas no Canadá que adoptaram legislação especificamente destinada a proteger os idosos, o autor escolheu uma delas (New Brunswick como alvo de investigação). A escolha desta província justifica-se pelo facto de as disposições relativas à proteção dos idosos terem sido adoptadas pelo legislador em 1980, ao passo que a legislação da Nova Escócia (1985), da Ilha do Príncipe Eduardo em 1988 e da Terra Nova em 1973. [7]New Brunswick foi também escolhida devido à facilidade de acesso à informação e à familiaridade do investigador com a região.

---

[6] Donald Poirier, *op. cit.* p.40
[7] Donald Poirier, *op. cit.* p.12

Por último, o autor discute a utilidade da utilização de métodos qualitativos para a aplicação da lei. Indica que os estudos de campo com recurso a entrevistas semi-estruturadas são utilizados para verificar como os assistentes sociais põem em prática a lei relativa à proteção dos idosos em New Brunswick.

3.2.1.4. Posição epistemológica adoptada

Racionalismo

Um olhar atento sobre a problemática desta tese revela que o autor se aproxima de correntes epistemológicas como o racionalismo, o estruturalismo e o positivismo. [8]De acordo com *Le dictionnaire actuel de l'éducation* , o racionalismo é uma corrente epistemológica que considera que *"todo o conhecimento válido deriva exclusiva ou essencialmente do uso da razão"*.

O autor refere-se ao modelo teórico baseado na noção de racionalidade para explicar a transição da prática social para a racionalidade jurídica. Segundo Ewalt, citado pelo autor, através da noção de racionalidade torna-se possível resolver o velho problema do ser e do dever-ser. [9]O conceito de racionalidade é, pois, um meio de compreender a relação entre os vários sistemas jurídicos e entre o direito e outros tipos de práticas sociais.

Através do estudo das racionalidades, torna-se possível descobrir as várias práticas sociais que actuam nos diferentes momentos do direito,

---

[8] *Dicionário atual da educação,* 1994, p.1003
[9] Donald Poirier, *op. cit.* p. 53

seja na sua emergência, na sua aplicação ou no direito enquanto norma jurídica que deve ser interpretada, e assim compreender como se influenciam mutuamente.

Estruturalismo

O autor constrói o seu quadro teórico principalmente a partir das ideias avançadas pela escola estruturalista, em particular Michel Foucault. Michel Foucault desenvolveu uma abordagem histórica e epistemológica para compreender os fenómenos sociais contemporâneos. [10]Esta abordagem tem por objetivo descobrir os novos tipos de racionalidade que surgiram e os seus múltiplos efeitos. Foucault interessa-se particularmente pela evolução da regulação social e pelos pontos de encontro entre as diferentes etapas dessa evolução. Descobriu que *o poder e o conhecimento* são indissociáveis. O poder permite obter certos tipos de conhecimento. [11]Este conhecimento gera depois os seus próprios objectos de conhecimento.

[12]A abordagem de Foucauldi ao direito é dupla: *genealógica*, ou seja, traçar a genealogia do direito até às suas origens; e *arqueológica*, ou seja, compreender como surgiu esta problematização da questão da proteção dos idosos.

No que diz respeito à teoria do controlo social, o autor cita Black e Foucault. Segundo este último, a regulação social pelo Estado aumenta na proporção da fraqueza do sistema privado de regulação social constituído

---

[10] Donald Poirier, *op. cit.* p. 60
[11] *Enciclopédia livre Wikipedia,* http://fr.wikipedia.org/wiki/Michel_Foucault
[12] *Ibid.*

pela família, a igreja, a escola e outras organizações. [13]Por outras palavras, quando os mecanismos informais de regulação social são fortes, não há necessidade de um sistema legal de regulação social altamente desenvolvido.

Por último, a referência aos métodos estruturalistas no estudo do direito é uma tentativa de compreender como os juízes conciliam a racionalidade das ciências sociais com a racionalidade jurídica tradicional.

Positivismo

O movimento positivista inspira-se no empirismo, na medida em que se concentra apenas nos factos observacionais, mas reconhece a importância do raciocínio, acrescentando que as ciências utilizam a matematização para ligar os dados experimentais da forma mais simples possível. [14]Note-se que os positivistas insistem no rigor do raciocínio indutivo, que permite passar dos factos às hipóteses.

A maior parte destes conceitos são retirados do paradigma do *pluralismo jurídico*. Este paradigma postula a coexistência de uma pluralidade de quadros ou sistemas jurídicos numa dada unidade de análise sociológica. [15]O autor procura demonstrar que o desenvolvimento e a aplicação do direito são processos sociais essencialmente dinâmicos, marcados por uma incessante interação dialética entre o formal e o informal, por um lado, e entre as várias componentes privadas e públicas do sistema de controlo social de uma sociedade, por outro.

---

[13] Donald Poirier, *op. cit.* p. 40-46
[14] *Martin Riopel, Epistemologia e educação científica,*
http://www.astro.umontreal.ca/~riopel/epistemologie/
[15] Donald Poirier, *op. cit.* p. 24

3.2.1.5. Contribuir para o avanço dos conhecimentos

O estudo lança alguma luz sobre a natureza da lei. No Canadá, não foi efectuada qualquer investigação sobre a interpretação pelos tribunais das leis de proteção dos idosos. Mesmo nos Estados Unidos, segundo o autor, foram feitas poucas pesquisas sobre a interpretação judicial das leis de proteção dos idosos e muito poucas pesquisas procuraram demonstrar o mecanismo pelo qual a lógica social foi inserida no sistema jurídico.

Além disso, a investigação salienta o facto de a lógica social introduzida nas leis destinadas a proteger os idosos não permitir resolver os problemas visados por essas leis e ser inadequada para resolver a quantidade de problemas jurídicos com que estas pessoas se deparam. São examinadas soluções contratuais baseadas na lógica jurídica.

3.2.2. Tese de farmácia

3.2.2.1. Clareza do problema

A análise da problemática revela uma descrição coerente dos problemas colocados pela libertação de drogas. A forma literária adoptada também torna o problema explícito.

De facto, o autor salienta que, apesar de dispor dos parâmetros, o principal problema no fabrico de medicamentos é a incapacidade de prever a cinética exacta da formação da matriz. A fim de indicar o que foi feito e o que falta fazer, apresenta os trabalhos efectuados sobre esta questão desde os anos sessenta. Enumera igualmente os autores que contribuíram para a elucidação dos fenómenos físico-químicos que regem a libertação dos fármacos no ambiente circundante.

Além disso, utiliza certas teorias já validadas para demonstrar o interesse da sua investigação. É o caso da teoria de Broadbents e Hammersley para descrever a invasão de meios porosos ou potencialmente porosos. [16]O mesmo acontece com os trabalhos de T. Higuchi sobre a modelização matemática da cinética de libertação das formas farmacêuticas.

3.2.2.2. Construção do argumento em relação ao quadro teórico

Para construir o seu quadro teórico, o autor faz referência à história e às soluções já propostas. Em particular, discute as leis físicas, os princípios matemáticos e os modelos existentes que tentaram prever e propor soluções para o problema colocado.

[17]De facto, a libertação do ingrediente ativo é fisicamente descrita por mais fenómenos que respondem a leis físicas, nem todas as quais podem ser expressas de forma simples. No que diz respeito à libertação de um fármaco, no caso de uma matriz polimérica, por exemplo, o autor identifica dois fenómenos físicos: a dissolução e a difusão. No que diz respeito às soluções já propostas, o autor refere a modelação da libertação do princípio ativo em formas com gradiente de concentração, como postulado por Chang e Himmelstein, que sugerem como solução um método de integração numérica, assumindo que a difusividade é uma

---

[16] Patrice Hildgen, Matrizes poliméricas com gradiente de concentração: formulação, avaliação e modelização, Montreal, Universidade de Montreal, 1995, p.10

[17] Patrice Hildgen, *op. cit.* p. 31

função simples do tempo. [18]Também menciona o trabalho de Higuchi sobre a modelação matemática da cinética de libertação de formas farmacêuticas.

No que se refere ao problema da dissolução (invasão do meio poroso pelo meio, ou seja, um fenómeno hidrodinâmico), o autor demonstra a necessidade de utilizar o modelo de Fick, uma vez que, como salienta, esta hipótese não pode ser facilmente verificada experimentalmente.

3.2.2.3. Construção do argumento em relação ao quadro metodológico

Para construir o seu argumento em relação ao quadro metodológico, o autor define as variáveis e os parâmetros que devem ser incluídos na experiência.

De facto, antes de iniciar qualquer modelização, é conveniente identificar e definir todas as variáveis e parâmetros do sistema susceptíveis de serem encontrados. Define as variáveis independentes, as variáveis de estado e os parâmetros principais, ou seja, os parâmetros de fabrico (temperatura, velocidade de centrifugação, viscosidade do polímero, tempo de centrifugação, etc.), os parâmetros de construção (comprimento da matriz, quantidade total do princípio, etc.) e os parâmetros do processo (temperatura, velocidade de centrifugação, viscosidade do polímero, tempo de centrifugação, etc.).Estes parâmetros incluem os parâmetros de fabrico (temperatura, velocidade de centrifugação, viscosidade do polímero, tempo de centrifugação, etc.), os parâmetros de formulação (comprimento da matriz, quantidade total de princípio ativo na matriz Q, K, a constante de dissolução, Ø, a solubilidade do fármaco no meio, fip, a solubilidade do fármaco no polímero) e os parâmetros experimentais in

---

[18] *Ibid.* p.15

vitro (temperatura durante a libertação, que também é mantida constante porque tem uma grande influência no coeficiente de difusão e na solubilidade, PH do meio de libertação). Estes parâmetros principais foram utilizados para desenvolver a equação.

De seguida, indica os procedimentos experimentais e a abordagem a utilizar para verificar as suas hipóteses iniciais. A este respeito, discute a abordagem macroscópica da resolução da equação e a abordagem microscópica no contexto de uma física próxima da física estatística. Tendo em conta a complexidade do percurso de difusão, o autor preocupa-se em incluir no seu modelo um fator de correção, nomeadamente a Turtuosidade. Este fator de correção foi definido por Higuchi e está diretamente relacionado com a geometria e topologia do meio.

Por fim, o autor sublinha as qualidades dos instrumentos que pretende utilizar na experiência e minimiza as suas lacunas. [19]Indica, por exemplo, que a melhor ferramenta para descrever a geometria complexa é a geometria fractal, porque as dimensões que permite definir são eficazes para descrever uma matriz porosa.

3.2.2.4. Posição epistemológica adoptada

O autor faz parte de um movimento *positivista*. O movimento positivista inspira-se no empirismo, no sentido em que se limita apenas aos factos observacionais, mas reconhece a importância do raciocínio, acrescentando que as ciências se esforçam, através da matematização, por ligar os dados experimentais da forma mais simples possível. Note-se que

---

[19] Patrice Hildgen, *Op. cit*, p.57

os positivistas insistem no rigor do raciocínio indutivo, que permite passar dos factos às hipóteses. [20]Como o raciocínio indutivo é essencial (para os positivistas) ao desenvolvimento da ciência (segundo a célebre frase de Augusto Comte *"ver é prever"*), as teorias produzidas não têm valor em si mesmas senão o de estarem ligadas aos factos.

De facto, ele constrói o seu problema com base em várias leis e teoremas relativos, nomeadamente, à massa e à velocidade. [21]Entre eles, a lei de Newton, a lei de Fick, o teorema de Falconer, etc.. [22]Utilizou também algumas teorias já validadas, nomeadamente a teoria da percolação definida por Broadbents e Hammersley em 1956 e formalizada por Gennes em 1976 e Staffer em 1985, que é uma teoria que descreve as propriedades de transporte da matéria em meios heterogéneos. Em seguida, realizou uma experiência, discutiu os seus resultados e formulou uma proposta geral para descrever o processo mais rápido de libertação de medicamentos no contexto em questão.

3.2.2.5. Contribuir para o avanço dos conhecimentos

O autor mostra um verdadeiro desejo de contribuir para o avanço do conhecimento, propondo uma abordagem diferente da produção de medicamentos no quadro de uma física próxima da física estatística (abordagem microscópica).

Além disso, para ultrapassar o problema do aumento da distância a percorrer nos polímeros de gradiente de concentração, a sua tese fornece

---

[20]Martin Riopel, Epistemologia e ensino das ciências,
http://www.astro.umontreal.ca/~riopel/epistemologie/index1.htm
[21] Patrice Hildgen, *op. cit.* p. 34-38
[22] *Ibid.*

um método que poupa tempo através da previsão da cinética in vitro e permite alcançar rapidamente a formulação óptima.

3.2.3. Tese de doutoramento em urbanismo

3.2.3.1. Clareza do problema

Uma leitura atenta da tese fornece informações sobre a coerência da tese em geral e a construção do problema em particular. Os elementos que se seguem levam-nos a sustentar que a problemática da tese é explícita.

O modelo de interpretação desenvolvido pelo autor baseia-se num conjunto de conceitos: o imaginário social e histórico, o simbólico e o racional. O autor refere-se às relações históricas entre as realidades sintetizadas pelos conceitos de espaço (espaço real, espaço simbólico, espaço social) para demonstrar a interpretação dada à noção de espaço em diferentes momentos da história. Parte da base da concetualização da relação particular do homem com o seu ambiente, para descrever o carácter puramente representativo das diferentes concepções do espaço. Para tal, coloca o problema da perceção e da interpretação da realidade: espaço real, cósmico, cultural e mental.

[23]No que diz respeito ao espaço real, por exemplo, salienta que estas representações se baseiam em modelos de análise inspirados, na maioria

---

[23] Marc-André Turcotte, *Éléments d'analyse de la notion d'espace*, Montréal, Université de Montréal, 1980, p.4-30.

das vezes, em conhecimentos anteriores, quer da filosofia quer da física, e que estas concepções são geralmente expressas de forma implícita.

A propósito do espaço social, o autor refere a versão tecnotópica e a versão antropocultural nas diferentes representações do espaço social. [24]No primeiro caso, o espaço social é reduzido ao comportamento de uma massa mais ou menos inerte, ou à dinâmica da energia (matéria mais ou menos sujeita à ação humana), interpretação que visa neutralizar um fenómeno essencialmente cultural. No segundo caso, a naturalização do espaço cultural é desenvolvida de forma mais aberta e mais confusa, com base numa redução da cultura à natureza humana.

[25]Segundo o autor, estes dois modos de naturalização, ora reduzindo a cidade ao estado de uma massa mais ou menos inerte, ora estabelecendo uma espécie de funcionalidade do corpo humano, da sua psique com o espaço social, visam dar a este último uma legitimidade, a de uma nova ordem ecológica, essencialmente antropomórfica, uma espécie de dado natural de segundo grau.

3.2.3.2. Construção do argumento em relação ao quadro teórico

No que diz respeito ao quadro teórico, o autor constrói a sua problemática a partir das principais concepções de espaço, desde as promovidas pela filosofia até às desenvolvidas pela física clássica e moderna. O que estas concepções de espaço têm em comum, diz ele, é o facto de proporem expressa ou explicitamente uma definição de espaço que se pretende, acima de tudo, coerente ou racional. Tanto as concepções filosóficas

---

[24] Marc-André Turcotte, *op. cit.* p. 12-20
[25] *Ibid.*

como as físicas recorrem à demonstração racional para adquirirem o estatuto de verdade, de conhecimento exato e autêntico da realidade em geral.

De facto, a abordagem filosófica confronta duas escolas de pensamento. [26]A primeira vê o espaço como uma entidade absoluta, independente da matéria cósmica que possa conter, enquanto a outra vê o espaço como uma entidade relativa aos elementos que contém.

[27]Referindo-se, por exemplo, à conceção de espaço de Einstein, o autor indica que a sua conceção é semelhante às concepções absolutistas do espaço, na medida em que é detectado um quadro formal, independente da matéria e da energia, na elaboração da Teoria Geral da Relatividade (TGR).

Por fim, o autor recorre a considerações antropológicas. [28]Sublinha que a física, tal como a filosofia, longe de fornecer dados imutáveis sobre o espaço, revela um conteúdo antropológico historicamente determinado.

3.2.3.3. Construção do argumento em relação ao quadro metodológico

No que respeita ao quadro metodológico, o autor aborda a noção de espaço considerando os seus aspectos históricos, racionais e sociais. A explicação do conceito de espaço é feita de forma indutiva. Procura demonstrar, através da história, a interpretação dada à noção de espaço (espaço real, espaço simbólico, espaço relativo, espaço matemático, linguístico e comunicacional, espaço social).

---

[26]M arc-André Turcotte, *op. cit.* p.33
[27] *Ibid*, p.34
[28] Ibid.

O espaço é concebido como uma entidade radicalmente diferente das coisas que constituem a realidade (Newton). Leibniz defendia a prima do espaço absoluto. A física reconhece assim compromissos com uma certa ordem imaginária e formalizante. [29]O espaço é, portanto, antes de mais, um dado antropológico e não estritamente objetivo ou auto-existente.

Além disso, no processo de génese da língua, cita a teoria dos dois eixos desenvolvida por Kraszewski, Saussure e Jakobson, destacada pela linguística e pela semiologia.

3.2.3.4. Posição epistemológica adoptada

O autor apoia-se em várias correntes epistemológicas para elucidar a noção de espaço (racionalismo, historicismo, positivismo, idealismo e materialismo, construtivismo, realismo, humanismo).

Racionalismo e Historicismo

O racionalismo é uma corrente epistemológica que considera que "todo o conhecimento válido provém exclusiva ou essencialmente do uso da razão". [30]*O historicismo* baseia-se na ideia de que a verdade é o resultado de um auto-engendramento da razão, cujo desenvolvimento histórico se revela em *momentos*, todos necessários mas insuficientes .

Historicamente, os conhecimentos associados ao domínio da geometria desempenharam um papel importante no desenvolvimento e na

---

[29] Marc-André Turcotte, *op. cit.* p.74
[30] Enciclopédia livre Wikipedia, *http://fr.wikipedia.org/wiki/Historicisme*

justificação da posição epistemológica racionalista. O inventor da geometria analítica, o matemático francês René Descartes, citado pelo autor, assumiu a posição racionalista ao tentar aplicar o rigor e a clareza da matemática ao domínio da filosofia.

Idealismo e materialismo

Espaço absoluto

O materialismo é um conjunto de doutrinas filosóficas que, rejeitando a existência de um princípio espiritual, reduz toda a realidade à matéria e às suas modificações. A primeira, a teoria do espaço absoluto, sustenta que, entre os elementos da realidade (ontológica) do universo, existe uma entidade chamada espaço. De acordo com esta abordagem, o espaço não pode ser visto ou reduzido a um conjunto de relações, de coisas materiais, mas é de facto ontologicamente anterior à classe de todos os objectos materiais (realidade sensível e suprassensível). O espaço é então concebido como uma substância. O espaço é concebido como uma entidade radicalmente diferente das coisas que constituem a realidade (Newton).

Espaço relativo

[31]*O idealismo*, pelo contrário, caracteriza-se pela afirmação de uma realidade inteligível (realismo do inteligível), pela afirmação de que o pensamento é a única realidade certa, pela redução do ser ao pensamento ou à consciência, pela redução dos fenómenos a representações da mente e pela derivação dos seres e da realidade no seu conjunto de um princípio

____

[31] Enciclopédia livre Wikipedia, http://fr.wikipedia.org/wiki/Id%C3%A9alisme

espiritual (pensamento, consciência, conceito, etc.). Na sua obra, a segunda abordagem teórica, o relativismo, considera o espaço como um conjunto de relações entre coisas materiais. Esta segunda abordagem exclui qualquer possibilidade de o espaço ser uma subsistência, uma entidade ontológica. [32]Ambas as concepções são contestadas. [33]Leibniz fala mesmo de um espaço absoluto.

Positivismo

Esta corrente de pensamento sugere que a mente renuncie a fazer a pergunta "porquê", ou seja, a procurar uma explicação absoluta das coisas. [34]Limitar-se-ia ao "como", ou seja, à formulação das leis da natureza, identificando, através de observações e experiências repetidas, as relações constantes que unem os fenómenos.

[35]Segundo Earman, existe um espaço absoluto newtoniano que é bastante semelhante ao espaço relativo leibniziano, e a existência do espaço, qualquer que seja a sua conceção, tem mais a ver com o modo de intervenção do sujeito analisador e com o contexto que dá origem a esse tipo de intervenção do que com a especificidade do objeto analisado (em particular a materialidade do espaço).

A física também reconhece compromissos com uma certa ordem imaginária e formalizante. [36]O espaço é, portanto, antes de mais, um dado antropológico e não estritamente objetivo ou auto-existente.

---

[32] Marc-André Turcotte, *op. cit.* p.37

[33] *Ibid.* p.54

[34] Enciclopédia livre Wikipedia, http://fr.wikipedia.org/wiki/Positivisme

[35] Marc-André Turcotte, *op. cit.* p.55

[36] *Ibid.* p. 74

O autor também faz alusão a Einstein. A descrição geométrica da teoria física de Einstein tem origem nos avanços da geometria não-euclidiana, que remontam às várias tentativas, ao longo dos séculos, de provar o quinto postulado de Euclides, segundo o qual um ponto só pode conduzir a uma reta paralela a uma dada reta.

Enquanto a abordagem filosófica é puramente voluntarista e idealista, ou seja, procura transferir a totalidade do cosmos para os limites de um discurso, a física, pelo contrário, encontra refúgio e inspiração no mundo austero das matemáticas e procura primeiro deduzir o seu modelo no quadro de uma praxis que a envolve diretamente no trabalho de observação sistemática da natureza.

Construtivismo

A epistemologia construtivista coloca o problema da objetividade. No primeiro caso, o papel ativo do sujeito (o filósofo) confunde frequentemente a posição do objeto (a Realidade). No segundo caso, a rutura epistemológica é o próprio princípio da operação, e o instrumento matemático desempenha um papel central ao consagrar (aparentemente) a neutralidade do observador. [37]Existe um perigo de formalização. [38]Para Jean Piaget (1896-1980), *"um facto é sempre o produto de uma composição, entre uma parte fornecida pelos objectos e outra construída pelo sujeito"* .

Nesta tese, os elementos que se seguem levam-nos a orientar o autor para a corrente construtivista. Segundo esta corrente, da análise freudiana à epistemologia genética de Jean Piaget, passando pelas estruturas-mãe de

---

[37] *Ibid.* p. 78
[38] Jean Piaget, *Logique et connaissances scientifiques,* p.

Bourbaki, nenhuma tese convincente foi produzida quanto ao fundamento intraorgânico, psicológico ou ontológico das categorias elementares do conhecimento. [39]Em contraste com esta corrente, outros procuraram estabelecer este fundamento no contexto de uma relação reflexiva entre a mente, o cérebro ou a consciência e a realidade, e mais especificamente o social.

Realismo

O realismo reconhece a existência e o primado de uma realidade independente de qualquer observador, objetiva e absoluta, imanente. [40]É por isso que o realismo tende a afirmar a existência de uma realidade em si mesma, estruturada segundo arquétipos inteligíveis como as ideias . [41]A maioria das escolas de pensamento acaba por reconhecer uma certa relação entre a realidade e a subjetividade. Na sua análise da noção de espaço, o autor identifica os seguintes paradoxos:

O primeiro paradoxo diz respeito à comunicação digital e à sua relação com o analógico. A distinção entre o analógico e o digital depende muito da forma como essa distinção é definida. [42]Como a teoria dos sistemas o demonstra, não podemos perder de vista o facto de estarmos a falar de modelos construídos para fins de explicação, e não de modelos naturais, porque a natureza não procura explicar. A segunda está ligada ao conceito de zero de Goltlob Frege. Segundo Frege, o zero é um conceito objetivo. [43]Mas o objeto não está necessariamente ligado à realidade, à existência, ao espaço, porque cada objeto não tem necessariamente um lugar (ou pelo menos uma ligação geométrica) . A terceira diz respeito ao conjunto Ø e

---

[39] Marc-André Turcotte, *Op. cit*, p.102
[40] http://fr.wikipedia.org/wiki/R%C3%A9alisme#Principes_du_r.C3.A9alisme
[41] Marc-André Turcotte, *Op. cit*, p.103
[42] *Ibid.* p. 91
[43] Patrice Hildgen, *op. cit.* p. 92

ao diagrama de Euler. Aqui, o autor refere-se à teoria dos conjuntos, que afirma que o complemento de qualquer subconjunto A num conjunto S é o subconjunto B. O conjunto vazio é um conjunto único que não contém elementos. Finalmente, o quarto paradoxo lida com os tipos lógicos de Russell e Whitehead

Humanismo

[44]O humanismo é qualquer forma de pensamento que coloca o desenvolvimento das qualidades essenciais do homem no primeiro plano das suas preocupações e denuncia tudo o que o escraviza ou degrada. [45]Fazendo do homem o ponto de convergência do **Real**, os discursos aparentemente contraditórios do idealismo e do materialismo defendem, em última análise, o mesmo projeto metafísico, o de fazer do homem o ponto de queda para a emancipação da condição animal. Segundo o autor, este empreendimento de transformação do real, favorecido por este humanismo, concretiza-se no espaço social, que constitui o suporte material mais eficaz. [46]Referindo-se à crítica idealista, o autor sublinha que esta é, sem dúvida, a obra mais decisiva de Marx.

O espaço urbano, em particular, tem o valor de um símbolo dinâmico e objetivo deste empreendimento de dominação, de subjugação das forças naturais em benefício principal da humanidade, para o qual os discursos idealistas ou materialistas oferecem uma explicação absoluta. Estes frágeis fundamentos filosóficos estão na base de dois grandes tipos de análise: a tecnotopia e a abordagem antropocultural.

---

[44] http://fr.wikipedia.org/wiki/Humanisme
[45] Patrice Hildgen, *Op. cit*, p.104
[46] *Ibid*, p.107

No entanto, nenhuma delas se baseia explicitamente em qualquer concetualização do Real em termos de espaço. Ambas têm como único campo de visão o espaço social, a cidade, e baseiam-se, na maioria das vezes, numa conceção implícita do espaço.

[47]Segundo o autor, as disciplinas envolvidas na produção do espaço urbano - a arquitetura, o urbanismo e, de um modo mais geral, o ordenamento do território - preocupam-se com a forma que o espaço sociocultural assume e operam uma divisão "consciente/inconsciente" do Real que, em certos aspectos, faz lembrar o feitiço lançado pelos filósofos e físicos absolutos.

3.2.3.5. Contribuir para o avanço dos conhecimentos

O livro contribui significativamente para uma reflexão epistemológica sobre a utilização da noção de espaço e fornece uma síntese das principais concepções de espaço. [48]A tese lança também luz sobre o problema da redução historicista do espaço social urbano a um fenómeno evolutivo e ontológico.

3.3. Questão principal da investigação

3.3.1. Tese jurídica

O estudo procura explicar as relações entre os actores sociais e a adoção, nas províncias atlânticas, de legislação destinada a proteger os idosos da violência física. São colocadas várias questões: - Que condições favoreceram a emergência de leis de proteção dos idosos? - Quais os

---

[47] Patrice Hildgen, *op. cit.* p. 104-105
[48] *Ibid.* p. 31

valores que o discurso jurídico veicula neste domínio? Como é que estas leis são aplicadas e quais são as suas consequências? - Em que condições o Estado está autorizado a limitar a liberdade de deslocação das pessoas idosas? - Qual é a lógica subjacente às leis que visam proteger os idosos? - Como é que os fundamentos não jurídicos entraram no discurso jurídico? - Existem conflitos entre a lógica jurídica que reconhece o princípio da autonomia pessoal e a lógica social que insiste na proteção contra o risco de violência a que os idosos estão sujeitos? - Que efeitos têm estas leis sobre os idosos enquanto grupo, sobre as pessoas que deles cuidam, sobre os direitos e liberdades dos cidadãos e, finalmente, sobre a conceção que as pessoas têm da violência (abordagem sócio-jurídica)?

A questão principal parece ser representativa da abordagem epistemológica, uma vez que procura estabelecer as relações entre a racionalidade jurídica e a racionalidade social. Constitui uma parte coerente do problema no seu conjunto, como se pode ver pelas várias sub-questões que o autor coloca.

3.3.2. Tese de farmácia

A principal questão de investigação é como resolver o problema do aumento da distância a percorrer pelos polímeros de gradiente no processo de fabrico de medicamentos, tendo em conta as diferentes formas farmacêuticas?

Segundo o autor, apesar de existirem parâmetros, o principal problema no fabrico de medicamentos é a incapacidade de prever a cinética exacta da formação da matriz. O autor distingue dois aspectos deste problema: um aspeto tecnológico para conceber um sistema que satisfaça os requisitos e um aspeto teórico para dispor de um modelo matemático que permita prever o funcionamento do sistema. Esta questão é representativa da abordagem epistemológica adoptada.

3.3.3. Tese de planeamento

A principal questão de investigação é como identificar, com a ajuda de novas observações resultantes de uma abordagem historiográfica reconsiderada, alguns factos-chave que estabelecem uma relativa continuidade entre as diferentes concepções do espaço? O estudo procura, portanto, identificar a estreita relação que historicamente prevaleceu entre o espaço das representações simbólicas e o das representações racionais, e fazer emergir, através da análise, as principais representações do espaço e os aspectos determinantes das diferentes representações da noção de espaço. A questão de investigação parece representativa da postura epistemológica.

3.4. Observações

3.4.1. Semelhanças

Para as três teses, cada investigador esforça-se por definir os parâmetros da sua investigação. A tónica é colocada no tema a investigar, que o projeto pretende definir estabelecendo um objetivo de investigação, ligado à descrição, à classificação, à experimentação ou à modelização, consoante o caso.

O investigador define igualmente o quadro empírico e concetual suscetível de conferir à investigação toda a sua pertinência, remetendo para estudos semelhantes já realizados, bem como para as questões concretas subjacentes ao problema em estudo.

A problemática, o ponto de vista a partir do qual o objeto é apreendido, um ponto de vista suspensivo e questionador, ele próprio especificado por um corpo de hipóteses, consoante a situação, é de natureza filosófica ou teórica, ou disciplinar ou empírica. Do mesmo modo, cada autor adopta uma abordagem específica para atingir o seu objetivo de investigação. Destaca-se a metodologia (abordagem, métodos e técnicas) que especifica a condução da investigação no seu processo e os meios de investigação previstos.

[49]Finalmente, através dos seus projectos de investigação, cada autor tenta passar impercetivelmente do objeto dado, um objeto real definido tematicamente, para o objeto construído, um objeto liberto de preconceitos, um objeto que já não pode ser expresso tematicamente mas sob a forma de um conceito operativo que pode ser diretamente posto à prova dos factos. Cada tese procura acrescentar "um tijolo" ao conhecimento científico. [50]No entanto, para que o conhecimento científico exista, é necessário que haja um projeto que construa um objeto onde a teoria e a experiência estejam ligadas num processo de verificação

.

3.4.2. Diferenças

---

[49] Jean-Pierre Boutinet, *Anthropologie du projet*, Paris, PUF, 2003, p.106

[50] *Ibid.* p.107

Vamos recorrer ao livro de Jean-Pierre Boutinet sobre a antropologia de projeto para identificar as diferenças entre as teses de direito, farmácia e planeamento.

Na tese jurídica, o autor examina as condições de emergência da proteção dos idosos, analisando o caso de New Brunswick. Segundo Jean-Pierre Boutinet, são três os elementos que caracterizam um projeto de lei:

- a necessidade de explicar os motivos da ação, tendo em conta a situação anterior; um projeto de lei que não seja acompanhado de motivos será considerado inconstitucional
- negociação colectiva em curso; e
- [51]o facto de o autor do projeto de lei ser também, de uma forma ou de outra, o seu produtor (ao contrário do que acontece com a proposta) .

Para além de adotar uma abordagem dedutiva, a tese jurídica inspira-se nas correntes epistemológicas racionalista, estruturalista e positivista. O autor recorre a um modelo teórico baseado na noção de racionalidade para explicar a passagem da prática social à racionalidade jurídica. A noção de racionalidade foi desenvolvida por Max Weber. Segundo Ewalt, a noção de racionalidade permite resolver o velho problema do ser e do dever-ser. O conceito de racionalidade é, portanto, um meio de compreender a relação entre os diferentes sistemas jurídicos e entre o direito e outros tipos de práticas sociais.

Baseia-se também no método de Michel Foucault. Foucault desenvolveu uma abordagem histórica e epistemológica para compreender os fenómenos sociais contemporâneos. É de notar que o estudo vai buscar a maior parte dos seus conceitos ao paradigma do *pluralismo jurídico*. Este

---

[51] Jean-Perre Boutinet, *op. cit*, p.111

paradigma postula a coexistência de uma pluralidade de quadros ou sistemas jurídicos numa determinada unidade de análise sociológica.

De igual modo, o autor procura demonstrar que o desenvolvimento e a aplicação do direito são processos sociais essencialmente dinâmicos, marcados por uma incessante interação dialética entre o formal e o informal, por um lado, e entre as várias componentes privadas e públicas do sistema de controlo social de uma sociedade, por outro.

É de notar que a dissertação de direito elaborada por uma faculdade de direito responde diretamente a uma necessidade, que é a proteção dos idosos. Recorre a mais do que uma disciplina, incluindo o direito, a sociologia, a psicologia e a economia.

No caso das teses de farmácia, parece-nos que a abordagem é menos complexa. A partir da observação de factos concretos, o autor infere uma proposição geral ou uma lei. Existem etapas fixas que o investigador deve seguir no processo experimental. Os testes são essenciais para validar o estudo. Estas etapas incluem: a definição do problema, a formulação das hipóteses, a descrição do processo experimental, a identificação das variáveis e dos parâmetros a utilizar na experiência (parâmetros de fabrico, constituição, experimentação), a formulação da equação, a introdução de um fator de correção, a definição das qualidades dos instrumentos experimentais (condições, vantagens), a construção do modelo (equação), a definição dos parâmetros de correção, a apresentação dos resultados e a formulação de uma lei.

Segundo Jean-Pierre Boutinet, o projeto experimental destina-se a mobilizar energias em torno de uma questão. As organizações experimentais fazem da inovação o parâmetro decisivo. [52]É necessário desenvolver o capital humano e técnico para manter um nível suficiente de inventividade.

De um ponto de vista epistemológico, o autor aproxima-se do movimento positivista. A abordagem adoptada é indutiva.

Quanto às teses em planeamento, a sua especificidade reside no seu carácter interdisciplinar e na análise da história das diferentes interpretações do conceito de espaço.

Em , ao falar do espaço real, por exemplo, o autor salienta que as diferentes representações do espaço se baseiam em modelos de análise que se inspiram, na maior parte das vezes, em conhecimentos anteriores, ou seja, na filosofia e/ou na física, e que estas concepções são geralmente expressas de forma implícita.

No que diz respeito ao espaço social, menciona várias concepções de espaço social que foram iniciadas pela sociologia, economia, psicologia, ciências do ordenamento do território, antropologia, etc.
Por exemplo, a contribuição da análise económica pode estar a montante de um processo de decisão público ou privado e a jusante da análise de um problema ambiental pelas ciências físicas e naturais. Para serem relevantes, os planeadores precisam de integrar elementos de uma vasta gama de disciplinas, desde o direito e a engenharia até à ecologia e à hidrologia.

---

[52] Jean-Pierre Boutinet, *op. cit.* p.117

Além disso, a maioria dos problemas ambientais caracteriza-se por elevados níveis de incerteza, efeitos a longo prazo e uma distribuição dos seus impactos no espaço e no tempo que raramente é uniforme. É sobre estes pontos essenciais que o diálogo interdisciplinar pode ser mais frutuoso, a fim de melhor avaliar a margem de incerteza que afecta os efeitos esperados de uma determinada política. Consoante o caso, o diálogo com outras disciplinas pode ir desde uma simples troca de informações até à conceção de modelos integrados. Daí o recurso a várias correntes epistemológicas, nomeadamente o racionalismo, o historicismo, o positivismo, o construtivismo, etc. Na tese de planeamento, é feito um esforço para explicar o seu quadro teórico.

No entanto, convém sublinhar que esta tese de planeamento nos parece mais filosófica. Trata-se essencialmente de uma análise teórica da noção de espaço. [53]Concordamos com a afirmação de Jean-Pierre Boutinet de que o ordenamento do território deve visar uma apropriação colectiva do espaço geográfico através da mediação de realizações técnicas: a construção de dispositivos técnicos, a modificação de configurações espaciais, todas as iniciativas espaciais destinadas a facilitar essa apropriação. O planeamento implica uma intervenção no ambiente. É uma atividade interminável que deve ser constantemente retomada para criar um espaço mais habitável. [54]Esta atividade implica, no mínimo, ter em conta três parâmetros centrais: a negociação permanente entre as diferentes instâncias da comunidade que procuram controlar o seu espaço; o tempo, com os seus prazos e horizontes indeterminados que desqualificam tudo o que é da ordem do pontual e do imediato; e o

---

[53] Jean-Pierre Boutinet, *Op. cit.* p.105
[54] Jean-Pierre Boutinet, *op. cit*, p.104

espaço, com a identificação dos constrangimentos, das possibilidades e de tudo o que constitui a sua singularidade .

O estudo das questões de facto, que inclui o estudo das interações entre o sujeito e o objeto, nunca pode limitar-se apenas ao campo dos factos, uma vez que tudo o que diz respeito ao sujeito assume um aspeto normativo na sua consciência e, por conseguinte, também se enquadra nas considerações anteriores.

Mesmo no domínio do conhecimento puramente experimental, as questões de facto e de validade estão perpetuamente interligadas e exigem uma coordenação semelhante dos métodos de formalização e de reconstrução histórica e genética.

A estreita interdependência das análises direta, formalizante, histórico-crítica e genética decorre da necessidade fundamental de uma dialética da génese e da estrutura, correspondente às suas interações efectivas e alternativas.

Em suma, é necessário sublinhar os papéis complementares do raciocínio indutivo, do raciocínio dedutivo e da experimentação na procura de novos conhecimentos científicos. Existe uma diferença entre os modelos (que são produzidos pelos cientistas) e a realidade (que existe independentemente dos modelos), e devemos reconhecer uma componente subjectiva e criativa no desenvolvimento das teorias científicas.

Conclusão

O estudo das questões de facto, que inclui o estudo das interações entre o sujeito e o objeto, nunca pode limitar-se apenas ao campo dos factos, uma vez que tudo o que diz respeito ao sujeito assume um aspeto normativo na sua consciência e, por conseguinte, também se enquadra nas considerações anteriores.

Mesmo no domínio do conhecimento puramente experimental, as questões de facto e de validade estão perpetuamente interligadas e exigem uma coordenação semelhante dos métodos de formalização e de reconstrução histórica e genética.

É útil sublinhar os papéis complementares do raciocínio indutivo, do raciocínio dedutivo e da experimentação na procura de novos conhecimentos científicos. Existe uma diferença entre os modelos (que são produzidos pelos cientistas) e a realidade (que existe independentemente dos modelos), e devemos reconhecer uma componente subjectiva e criativa no desenvolvimento das teorias científicas.

A especificidade da tese de planeamento reside no seu carácter interdisciplinar e na análise da história das diferentes interpretações do conceito de espaço.
A maioria dos problemas ambientais caracteriza-se por elevados níveis de incerteza, efeitos a longo prazo e uma distribuição dos seus impactos no espaço e no tempo que raramente é uniforme. É sobre estes pontos essenciais que o diálogo interdisciplinar pode ser mais frutuoso, a fim de

melhor avaliar a margem de incerteza que afecta os efeitos esperados de uma determinada política.

53

Consoante os casos, o diálogo com outras disciplinas pode ir desde uma simples troca de informações até à conceção de modelos integrados. Daí a necessidade de recorrer a várias correntes epistemológicas, incluindo o racionalismo, o historicismo, o positivismo, o construtivismo, etc., e de descrever claramente o seu quadro teórico.

Índice

1. Barreau, H., *L'épistémologie*, Paris, PUF, 127 p., 1995.

2. Begin, R., *Conception de la science et intervention pédagogique*, Spectre, vol.26, n°2, p. 10-16, 1997.

3. Boutinet, Jean-Pierre, *Anthropologie du projet*. Paris, PUF, 2003. 350p.

4. Dolle, J-M., *Pour comprendre Jean Piaget*. Paris, Éditions Dunod, 1989. 275p.

5. Hildgen, Patrice, *Matrizes poliméricas com gradiente de concentração: formulação, avaliação e modelização*. Montréal, Université de Montréal, 1995.

6. Galilée, G., *L'Essayeur*, Paris, Les Belles Lettres, 307 p., 1990.

7. Giordan, A. e De Vecchi, V. *Les origines du savoir*, Paris, Delachaux et Niestlé, 212 p., 1987.

8. Granger, G.-G., *La science et les sciences*, Paris, Presses Universitaires de France, 127 p., 1995.

9. Jarroson, B., *Invitation à la philosophie des sciences*, Paris, Seuil, 234 p., 1992.

10. Kremer-Marietti, A., *Le positivisme*, Paris, PUF, 128 p., 1993.

11. Largeault, J., *L'intuitionnisme*, Paris, PUF, 135 p., 1992.

12. Larochelle, M. e Désautels, J., *Autour de l'idée de science*, Sainte-Foy, Presses de l'Université Laval, 314 p., 1992.

13. Le Moigne, J.-L., *Les épistémologies constructivistes*, Paris, PUF, 127 p., 1995.

14. Newton, I., *The Principia: Mathematical Principles of Natural Philosophy*, University of California Press, 974 p., 1999.

15.Piaget, Jean & al, Logique et connaissance scientifique, Encyclopédie de la pléiade. Éditions Gallimard, Paris, 1967. 1345p.

16.Poirier, Donald, *La protection juridique des personnes âgées. Étude socio-juridique comparée du Nouveau-Brunswick et des provinces canadiennes.* Montréal: Université de Montréal, 1993.

17.Popper, K., *La logique de la découverte scientifique*, Paris, Payot, 480 p., 1973.

18.Riopel, Martin, *Épistémologie et enseignement des sciences,* 2005. Université du Québec à Chicoutimi, 30p. http://fr.wikipedia.org/wiki/%C3%89pist%C3%A9mologie#Th.C3. A8mes_.C3.A9pist.C3.A9mologiques, consultado em 24 de dezembro de 2023

19.Robert, P., *Le nouveau petit Robert*, Paris, S.N.L., 2551 p., 1995.

20.Turcotte, Marc-André, *Éléments d'analyse de la notion d'espace.* Montreal: Université de Montréal, 1980.

Printed by Books on Demand GmbH, Norderstedt / Germany